超养眼

蛋糕裱花

上海糖师师烘焙教室 编著

作者
介绍

糖师师，荣获国家人力资源和社会保障部授予的"全国技术能手"荣誉称号，国家级西点技师，第四十四届世界技能大赛糖艺／西点组指导教练，中国大陆唯一入围世界 EAGA 国际最具创意糖花艺术大师大奖，2015 年中国技能大赛金奖，第十七届全国焙烤职业技能大赛金奖，全国蛋糕装饰技术大赛金奖，第八届上海市食品行业西式面点师职业技能竞赛金奖，曾多次被新华社等国内外新闻媒体采访报道以及被国际烘焙专业展会和西点学校邀请演示授课，其学生在国内外的多项专业比赛中斩获优异成绩。教室获得英国 PME、美国 Wilton 的认证课程授权。师承国内外诸多艺术蛋糕领域的大师级专家，博采众长，长于创新，她热爱培训工作，在教学过程中因材施教，倾囊相授，深受学员认可，在业界具有良好口碑。

糖师师微信公众号

致读者

裱花作为蛋糕装饰技能发展至今，已经幻化为一门艺术，奶油霜裱花作为其中的代表，近年越来越被世界各地的烘焙爱好者所接受和喜爱。它轻盈的口感在满足人们对食物的基本需求的同时，五彩缤纷的外观更给人们带来一场视觉上的饕餮盛宴。

作为从事艺术蛋糕教学培训的我们，每每遇到有学员因为各种原因无法亲临教室学习而倍感遗憾时，心里总是希望能做些什么来帮助她们。这次有幸接受青岛出版社的邀请，把我们对奶油霜裱花蛋糕的理解诠释成册，分享给广大读者。希望我们的拙作能够抛砖引玉，让零基础的初学者或者艺术蛋糕爱好者们也能做出自己心仪的裱花蛋糕。

蛋糕的美丽源自于自然界的伟大，每片花瓣每个枝叶都是我们的老师，希望今后能和大家一起驰骋于艺术蛋糕的世界里，共同体验那"一花一世界"的美妙感受！

糖师师

2016.4

奶油霜裱花
简介

奶油霜裱花是蛋糕裱花中一种重要的方法技能。

近年来，一些艺术蛋糕爱好者以惠尔通的裱花技艺为基础，

经过多年的摸索和积累，做出很多改进和创新，

逐渐形成了独特的风格和鲜明的特点。

奶油霜裱花区别于以往普通鲜奶油和糖霜作为食材的传统，

采用了奶油霜作为基础食材，使裱花更容易塑形，

而绚丽的颜色更是奶油霜裱花蛋糕的一大特点，

大胆的撞色或清新的渐变色搭配都被炉火纯青地运用，

更值得一提的是对花嘴的改进和运用，

使得奶油霜裱花蛋糕的花型更为绚丽夺目。

我们将在本书中由浅入深，

一一为您解开这份美丽背后的细节过程。

序言1

那天，糖师师把她的书稿拿来邀请我作序，文艺青年般的语调里带着欣喜和紧张，不算纤薄的书稿拿在手里还是有些分量的，能感觉到她为此付出的努力。

初识糖师师给人的最大印象就是她那标志性的微笑，极具亲和力的她总能和同学们打成一片，教室的每个角落都能感受到她愉悦的教学氛围。而后这个纤瘦上海姑娘的坚毅性格倒是着实让我们刮目相看。

成功的秘诀在于坚持。我觉得糖师师就是那个愿意在烘焙道路上傻傻坚持的人。记得那年参加全国大赛，她感觉压力巨大，除了自己日常繁重的教学工作以外，几乎没有再多时间去备赛。

没想到我不经意地说了一句话："年轻人就是要多努力少睡觉。"让她在赛前的二十多天里，几乎每天备赛到凌晨三四点再睡。身边的人总能感觉到她骨子里的那股不认输的劲儿。

她说希望成为一个给予别人温暖的人，就像一颗大树，深深扎根于土壤，用枝蔓和树叶为身边的每一个人遮风挡雨。我告诉她，成绩只能代表过去，要想在蛋糕装饰领域继续前行，必须以百倍的坚持与努力来践行自己内心期许的那个美丽世界。

干文华

2016 年夏

[干文华简介]

中国烹饪大师／中国焙烤名师

全国技术能手

国家级高级西点技师

国家饭店业西式面点师高级评委

西式面点师国家职业技能鉴定考评员

全国焙烤职业技能竞赛上海赛区裁判

上海市西式面点师职业技能竞赛裁判

上海市"星光杯"职业技能竞赛
（西式面点师）裁判

第十五至第十七届
全国焙烤职业技能竞赛裁判

"路易乐斯福杯"全球烘焙师大赛
中国区裁判

第四十四届世界技能大赛
全国选拔赛糖艺／西点、烘焙项目裁判

第六届世界面包大赛中国赛区裁判

2016 年被上海市政府授予首席技师称号
并成立干文华技能大师工作室

上海市现代食品职业技能培训中心校长

序言2

糖师师希望自己能成为一个给予他人温暖的人，"就像一棵大树，深深地扎根于土壤，用枝蔓和树叶为身边的每一个人遮风挡雨。"当看到那一款款带着春天灵动气息的艺术甜品时，我想，或许这正是她实践自己内心期许的美丽方式。她总是说，我们不仅要传授手艺，更要把内心的温暖传递给学员。一件作品所呈现出来的美好来自于创作者的手艺，亦来自于创作者的品格。"作品再优秀，也只是爱的附属。你想带给别人的，自己首先要拥有。要让他人在蛋糕艺术中感受到爱，自己必须去创造爱、传递爱。"在这种思考下，糖师师的教学方法更加新颖、个性分明。

学生们来自各行各业，各有不同的故事，有"与其看领导眼色，不如选择看蛋糕成色"的帅气爸爸；也有因儿子一句肯定的话而"把梦想从岁月阁楼里搬进现实"的干练妈妈。学生们和糖师师，既是师生，又是朋友，大家私下也经常交流心态、分享生活。"大家是种很融洽的相处方式。我并不是单方面在给予，我也在收获。专业上，学生有时候的疑问和要求，鞭策着我要往前走，要更深入。而生活上，我们互相鼓励，很多时候听他们讲述自己的故事和面对困难的心态，我也会受到鼓舞。"

"现在面对自己的学生，我常常会从他们身上看到当初的自己，只是如今我站在了讲台上。我明白一个好的启蒙老师对于学生事业的开启有难以想象的作用，我在尽力成为和恩师一样优秀的引路人。"糖师师的名字，寄托了她对自己的期望——做一名德艺双馨的老师。躬身潜心向耕耘，自有桃李芳菲日，糖师师烘焙教室迎来了越来越多慕名而来的求学者。

编者

2017 年 2 月

CHAPTER 1
第一章 工具篇

CHAPTER 2
第二章 材料篇

CHAPTER 3
第三章 基本花型

CHAPTER 4
第四章 作品展示

CHAPTER 1

第一章
工具篇

无论在任何场合，奶油霜裱花蛋糕的出现总能产生令人惊叹的效果，
制作如此唯美浪漫的艺术品，离不开下面这些必备工具。

1/1
— 烘焙
基本工具

探针温度计

温度计可自动调节
视角,方便查看温
度。背面磁铁和口
袋夹设计,放置方
便。适用于烘焙测
试温度。

海绵手套

采用涤棉＋隔热棉材质,隔热
效果好。菱形网状设计,防滑
效果更明显。佩戴舒适,操作
灵活。

塑料分蛋器

镂空圆孔设计,
分蛋更便捷。
适用于分离蛋清。

烤箱温度计

两种放置方式;可
悬挂,可平放。测
量精准。适用于烤
箱温度测试。

裱花钉

裱花辅助工具,可以与裱花
剪搭配使用,便于挤出漂亮
的奶油花。

用于烤制杯子蛋糕的 12 连模具

碳钢材质，坚固耐用。双面不粘，易脱模。
一体成形，无接缝。
用于烤制杯子蛋糕。

计量电子秤

展艺厨房秤，双按键设置，具
有"去皮"及"单位转换"功能，
方便使用。

羊毛刷

由白松木与羊毛组合而成，不变形，
耐磨损，经久耐用。羊毛刷头采用上
好羊毛制成，掉毛少，蘸油后含油量
大、出油均匀，挂孔设计，方便悬挂。

硅胶搅拌刮刀

一体式硅胶刮刀，手柄设计舒适且有
挂孔，收放方便。适用于搅拌面糊、
奶油、黄油等。

15

1/2

厨师机
& 烤箱

除具备揉面、打蛋、绞肉等基础功能外，还可以搭配绞肉灌肠、榨汁、切菜、压面条、搅拌杯等多种配件。

贴士：使用厨师机的时候，最好能够每工作10~15 分钟，就让机器休息 15 分钟，这样有利于延长机器的使用寿命。

[海氏 HM 790 厨师机]

16

[海氏 HO-F5 烤箱]

46L 大容量，腔内温度均衡，最大可烤 12 寸蛋糕，
满足家庭使用。

设有壁灯、四面不沾油内胆、双层玻璃门等配件，
可实现上下独立温控、六管热风、转叉、发酵。

贴士：每次烘烤食物前，都需要按照食谱温度空烤
5~10 分钟，以便达到烘烤食物需要的温度，防止食物
在升温过程中散失水分，口感又干又硬。

17

1/3
— 裱花嘴

裱花嘴作为裱花的最重要工具，它的选用非常关键，因奶油霜裱花是基于惠尔通的技法演绎而来，所以惠尔通的花嘴自然就是主要的选用品牌，当然在后期的不断积累探索中，很多裱花老师根据自己的手法经验制作了专属的花嘴，后面我们也有专门的介绍。

101 号 101 号

101 号花嘴：

扁口花嘴，常用于报春花、桃花、天竺牡丹、小雏菊、多肉等基础花型的制作。

104 号 104 号

104 号花嘴：

扁口花嘴，常用于奥斯汀、车轮玫瑰、山茶、水仙、小玫瑰、绣球、银莲、英伦玫瑰、大玫瑰、蓝盆等基础花型的制作。

120 号 120 号

120 号花嘴：

扁口花嘴，常用于山茶、芍药、洋牡丹等基础花型的制作。

61 号 61 号

61 号花嘴：

扁口花嘴，常用于苍兰、多肉、松塔等基础花型的制作。

81 号花嘴：

半圆扁口花嘴，常用于大丽花、松果、小菊花等基础花型的制作。

227 号花嘴：

半圆扁口花嘴，常用于蒲公英等基础花型的制作。

3 号花嘴：

圆形花嘴，常用于挤裱线条及做花芯等。

8 号花嘴：

圆形花嘴，常用于挤裱线条及做花枝等。

352 号花嘴：

叶形花嘴，常用于仙人球、叶子、绣球花等基础花型的制作。

124 号花嘴：

平口花嘴，常用于洋桔梗、河内毛茛等基础花型的制作。

手工中号花嘴、手工小号花嘴：

手工中号花嘴为平口花嘴，常用于毛茛、迷你玫瑰、康乃馨、反手玫瑰等基础花型的制作。
手工小号花嘴为平口花嘴，常用于迷你玫瑰、康乃馨等基础花型的制作。

CHAPTER 2

第二章
材料篇

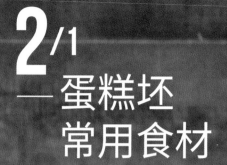

2/1
—— 蛋糕坯常用食材

糖类：白砂糖、红糖、蜂蜜等。

粉类：低筋粉、高筋粉、玉米粉等。

膨松剂：泡打粉、蛋糕乳化剂等。

乳制品类：奶油、鲜牛奶、奶酪等。

坚果类：核桃、杏仁碎、芝麻等。

果仁果酱类：葡萄干、蔓越莓干、芒果果酱等。

蛋类：鸡蛋等。

2/2

胡萝卜
蛋糕坯

材料 A

鸡蛋 3 个

白砂糖 170 克

色拉油 120 克

材料 B

盐 3 克

玉桂粉 5 克

低筋粉 158 克

特幼杏仁粉 25 克

材料 C

胡萝卜丝 190 克

干果碎适量

（可为核桃、开心果、果仁、腰果等）

制作步骤

1. 将鸡蛋打散。

2. 白砂糖分 2~3 次倒入蛋液中，充分打发蛋液。

3. 将色拉油倒入蛋液中继续打发。

4. 加入已过筛低筋粉、盐、玉桂粉、特幼杏仁粉，
切拌均匀。

5. 加入胡萝卜丝、干果碎，切拌均匀。

6. 将蛋糕糊倒入铺好牛油纸的蛋糕模中，放入预热
至 180℃的烤箱，烤制 30~35 分钟即完成。

注意事项

1. 搅拌时的动作要轻盈，以免消泡。

2. 胡萝卜丝的用量要精准，因为其本身就含有水分，
不然蛋糕会太稀松。

3. 每家烤箱火力上可能有点小差别，实际焙烤时间
应根据烤箱工况调整。

胡萝卜蛋糕又称希拉姆蛋糕，与奶油霜一同制作裱花蛋糕，堪称绝配。奶
油霜裱花所用的蛋糕坯还可选用海绵、红丝绒和各种风味独特的磅蛋糕。

2/3

— 透明
奶油霜

透明奶油霜与普通意式奶油霜的区别还是很明显的，使用透明奶油霜挤裱的奶油霜花，色彩更自然，整体更通透。

成品呈现出不同的效果主要是因黄油的状态不同导致的。普通奶油霜在制作过程中，黄油是处于室温状态，而透明奶油霜的制作则需保持冷藏状态。当蛋白霜和黄油都处于冷藏的状态时，才能搅打出透明的效果。

透明奶油霜配方

A 无盐牛油 450 克

B 清水 50 克 + 细砂糖 150 克

C 细砂糖 30 克 + 蛋白 140 克

制作步骤

1. 将鸡蛋的蛋白与蛋黄分开，注意蛋白不可以沾到蛋黄、水及牛油。取 140 克备用。

2. 将备用的蛋白用打蛋器先打出泡沫，然后加入 15 克细砂糖用中速搅打起泡，泡沫开始变细时将剩下的 15 克细砂糖加入，速度可以调整为高速。将蛋白打到拿起打蛋器时尾部呈现弯曲的状态即可。

3. 另外将材料 B 中的清水加到细砂糖中煮沸至 116~120℃，制成糖浆。

4. 将煮好的糖浆一边沿器物的边缘以线状慢慢倒入蛋白霜中，一边以中至高速搅打。将蛋白霜打到拿起打蛋器尾部呈现挺立有光泽的状态即可停止。

5. 将蛋白霜冷藏约 25 分钟或冷冻 15 分钟，再将冷藏的无盐牛油分成小块，加入蛋白霜中搅拌均匀即可。

注意事项

1. 细砂糖使用韩国幼砂糖，无盐牛油以韩国白油为佳。

2. 打蛋桶放入食材前应确保洁净，否则蛋白霜不会打发。

3. 煮糖时不可搅拌，否则空气会进入。

4. 倒入糖浆速度不能过快，否则会导致蛋白霜凝结不均匀。

5. 牛油一定要冷藏才能打出透明状态的效果。

6. 奶油霜打好后，可以冷藏保存 7 天，或冷冻保存 1 个月。

2/4
— 色素

奶油霜裱花之所以广受青睐，与其五彩缤纷的色彩组合有很大的关系。因而色素的选择就显得尤为重要，可食安全的色素是首选，而从专业的角度来分析，色素又分为水性色素和油性色素。奶油霜裱花建议使用油性色素，常用的有惠尔通色素等。

惠尔通色素

此款色素为油性色素，有 12 种颜色，适用于奶油类蛋糕的调色。操作简单，较易入门，便于零基础者操作。可从网上购得。

2/5
—— 基础调色法

认识颜色

我们认为，单个颜色并没有好坏美丑
之分。颜色之所以能传达不同的情感，
或冷或暖，或动或静，是通过不同色
彩之间的搭配和混合形成的。

奶油霜的调色方法

因惠尔通色素显色力超强，使用时用牙签
沾取少量色素或轻轻挤出一点点色素置于
奶油霜中搅拌均匀即可。一次不要加太多，
因为色素的使用量很少很少，如果加太多
的话颜色会很深。如果颜色不够深还可以
加，如果颜色深了，就只能增加原料了。
除非是要染很深很深的颜色，否则每次只
要一点点，家庭用一小瓶可以用一年。

下面以基础色来介绍三种实用颜色的调色。

红色　　　　　　　黄色　　　　　　　橙色

红色　　　　　　　蓝色　　　　　　　紫色

蓝色　　　　　　　黄色　　　　　　　绿色

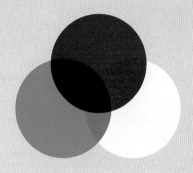

红黄蓝是三原色，根据配比不同延伸
出来千千万万种色彩。

每个颜色都有对应的互补色，如红色 - 绿色，
蓝色 - 橙色，黄色 - 紫色。
每个颜色和它左右相邻的两个颜色，被称为
邻近色，如黄 - 黄绿 - 墨绿。
同时，每个颜色自身都有深浅的明度变化，
就像渐变画一样。

2/6
—— 常用配色

为了方便大家尽快掌握配色技巧，让颜色在蛋糕作品里发挥作用，我们特意为大家准备了几组比较常用的组合形式。可供对配色不太有把握的读者参考。而舒服的配色，仍需要不断地探索练习，一起努力吧！

这款蛋糕的色调比较沉稳，红色色调成为整个色调的亮点。

（上图为此款蛋糕用到的颜色）

整款蛋糕以蓝色色调为主，通过蓝色的深浅变化，营造出清新淡雅的气氛。

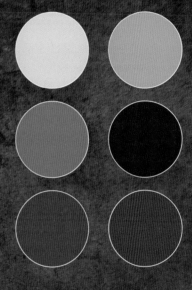

（上图为此款蛋糕用到的颜色）

这款蛋糕色彩基调以粉橘红色为主，
色彩温和淡雅。

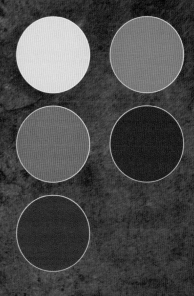

（上图为此款蛋糕用到的颜色）

45

白色调中用冷色调作点缀，
让人眼前一亮。

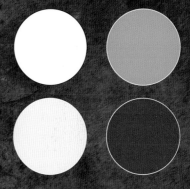

（上图为此款蛋糕用到的颜色）

运用了紫色的邻近色，渐变色使整个画面不沉闷，紫色的对比色是黄色，在紫色调中增加点黄色，会令整个紫色色调显得更加突出、更亮眼。

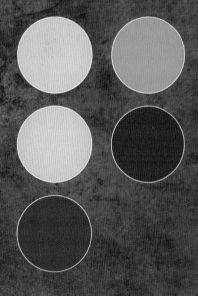

（上图为此款蛋糕用到的颜色）

CHAPTER3

第三章
基本花型

BOUVARDIA HYBRIDA

寒丁子

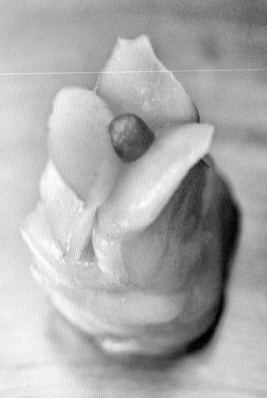

小小的花朵却蕴含着巨大力量，悠然自得，
仿佛在对您说：向着远方走下去。

贴士:

花瓣与花瓣之间要紧挨着，不可有缝隙。

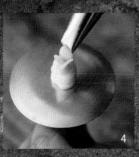

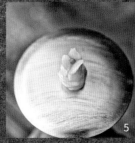

裱花嘴：101 号、3 号

101 号

101 号

3 号

3 号

1. 用 101 号裱花嘴做一个方形的桩。桩要有一定的高度，不可太低或太高。（图 1）

2. 在桩上开始裱花瓣，以裱拉的方法，花嘴垂直裱花钉裱第一瓣花瓣。（图 2）

3. 在第一瓣花瓣的右边，紧挨着前一瓣，以同样的方法裱第二瓣。（图 3）

4. 在第二瓣花瓣的右边，紧挨着前一瓣，以同样的方法裱第三瓣。（图 4）花瓣与花瓣之间要紧挨着，不可有缝隙。

5. 换 3 号裱花嘴，在三瓣中心点上花芯。（图 5）

PEACH BLOSSOM
桃花

手机扫一扫
看高清教学视频

都说世相迷离，我们常常在如烟世海中丢
失了自己，而凡尘缭绕的烟火又总是呛得
你我不敢自由呼吸。

贴士：

平面的花没有桩，直接在裱花钉上裱好是移不下来的，裱时一定要垫油纸。裱好冷冻后把油纸撕下才能用。裱时花一定要圆，成形才好看。

裱花嘴：101 号、3 号

101 号

101 号

3 号

3 号

1. 将 101 号裱花嘴立起，小头朝外。下缘稍微贴着裱花钉的中心位置，然后由内向外再向里裱出第一瓣圆形花瓣。（图 1）

2. 裱花嘴返回中心位置，接着第一瓣的下面，以同样的方法裱出下一瓣。以此类推。（图 2、图 3）

3. 裱第五瓣时，为了防止第五瓣把第一瓣弄坏，花嘴稍微提起一点，刚刚盖到第一瓣即可（图 4），裱好第五瓣后花嘴从上方拿开，不要往下拉。

4. 花瓣裱好，在中心用 3 号裱花嘴点上花芯即可。（图 5）

PRIMROSE
报春花

手机扫一扫
看高清教学视频

报春花代表着青春的快乐、希望和不惧，如春日的阳光温和而充满朝气。

贴士：

每一瓣花瓣大小要一致。花形一定要圆。

裱花嘴：101号、3号

101号 101号

3号 3号

1. 花嘴向后倾斜，小头朝外由上向下再由上向下裱爱心形状的花瓣。（图1）

2. 第一瓣花瓣裱好后，第二瓣从第一瓣的下面开始裱制，花瓣的形状跟第一瓣相同。（图2）

3. 前两瓣裱好了，依次裱第三、第四、第五瓣花瓣。（图3、图4）

4. 五瓣花瓣都裱好了，在花中心用3号裱花嘴裱上花芯即可。（图5）

HYDRANGEA
绣球花 1

如雪球累累般的伞形花序，簇拥在椭圆形的绿叶中，
煞是好看。寒冬时，乍见粉红色的花蕾，似乎在向人
们诉说春天的脚步近了。

手机扫一扫
看高清教学视频

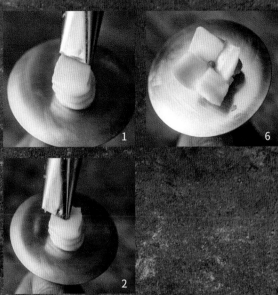

1

6

2

3

4

5

裱花嘴：104 号、3 号

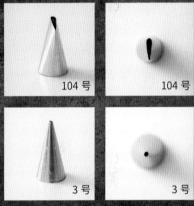

104 号

104 号

3 号

3 号

1. 用 104 号花嘴裱一个长方形的桩，桩要有一定的厚度。（图 1）

2. 花嘴三分之二放在桩上，花嘴小头朝外斜着向右拉出花瓣。（图 2、图 3）

3. 第一瓣花瓣裱好后，转动花钉，接着第一瓣以同样的方法裱第二瓣。（图 4）

4. 以此类推，用同样的方法裱制后两瓣，花的中心要出现明显的十字，花瓣与花瓣之间要紧挨着。最后在花的中心用 3 号嘴点上花芯即可。（图 5）

HYDRANGEA

绣球花 2

贴士:

花与花之间一定要紧
挨着,不可有缝隙。

手机扫一扫
看高清教学视频

绣球花由百花成朵,团扶如球。圆
形的花朵、美丽的姿态如团聚相拥
的亲人,让人心中充满甜蜜的幸福。

1

2

3

4

5

6

裱花嘴：352 号、8 号

8 号

8 号

352 号

352 号

1. 用 8 号嘴在桩上垂直挤一个圆桩（图1），圆桩要大一点、高一点。

2. 在桩的底部，离开裱花钉一点距离，以下 - 上 - 左 - 右的方式用 352 号花嘴斜着裱花瓣。跟挤叶子的方法相同。（图2、图3）

3. 第一朵花裱好后，紧挨着第一朵以同样的方式裱下一朵。以此类推把底部围圆即可。（图4）

4. 底部一圈裱好后，在上方以同样的方式把第二圈裱好。（图5）

5. 最后把顶部封口即可。（图6）

RUBUS CORCHORIFOLIUS

树莓

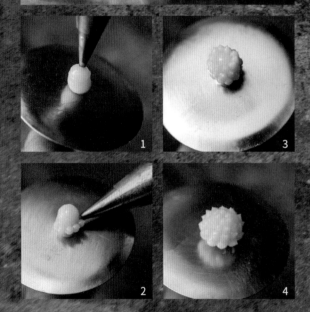

贴士：

如果收尾太尖，可以用裱花嘴抚平。桩不能太细，桩的大小决定树莓的大小，若树莓太小在装饰上会很不起眼。

裱花嘴：3 号

3 号　　　　3 号

1. 首先用 3 号花嘴在裱花钉上裱一个圆柱形的桩。（图 1）
2. 在桩的表面离裱花钉一定的距离，裱一颗颗的小圆颗粒，直至裱满整个桩。（图 2、图 3、图 4）

手机扫一扫
看高清教学视频

你是我种下的前因，
我又是谁的果报。
留存一段记忆只是片刻，
怀想一段记忆却是永远。

贴士：

每一瓣花瓣大小要一
致。花形一定要圆。

裱花嘴：104 号、3 号

104 号

104 号

3 号

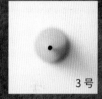
3 号

1. 首先用 104 号花嘴裱一个圆形的桩，桩
要有一定的厚度。（图 1）

2. 花嘴小头朝外向后倾斜，由上向下再由
上向下裱爱心形状的花瓣。（图 2）

3. 第一瓣花瓣裱好后，以同样的方法一瓣
接着一瓣裱剩余四瓣，每一瓣花瓣都要接
着上一瓣的下面开始裱。（图 3）

4. 五瓣花瓣裱好后，在花中心，花嘴大头
陷进去一点，花嘴外开转圆。转出圆锥形。
（图 4）

5. 圆锥形裱好后，在花中心用 3 号花嘴裱
上花芯。（图 5）

NARCISSUS
水仙

手机扫一扫
看高清教学视频

如凌波仙子般亭亭玉立于清波之上，
思念着远方的人回来团圆。

ANEMONE
银莲

手机扫一扫
看高清教学视频

贴士：

桩一定要稳固，桩不
稳时，一定要在底部
加奶油霜加固。花形
一定要圆。

如果自己所爱的人却爱着别人，不妨送他一束
银莲花吧！也许他会读懂你的寂寞与凄凉。

裱花嘴：104 号、3 号

104 号

104 号

3 号

3 号

1. 用 104 号裱花嘴裱一个圆柱体的桩。（图1）若桩不稳定可以在桩的底部挤一块奶油霜加固。

2. 第一层三瓣，花嘴在桩的顶部开始花嘴大头朝下由下至上裱花瓣（图2），第二瓣在第一瓣的后面接着裱制，第三瓣在第二瓣的后面接着裱制（图3），花嘴向外打开一点。

3. 第二层四瓣，花瓣与前一层裱法相同，四瓣包圆，花嘴比上一层稍微再外开一点，以达到花瓣绽放的效果。（图4、图5）

4. 用 3 号嘴在花中心点上花芯即可。（图6）

手机扫一扫
看高清教学视频

"唯有山茶殊耐久，独能深月占春风"，与端庄圣洁的
山茶相伴，你似乎也可以体会到它独到的高雅。

1

4

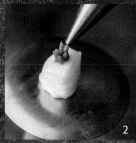

2

5

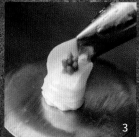

3

贴士：

桩一定要稳固，桩不
稳时，一定要在底部
加奶油霜加固。花瓣
一定要拉高。

裱花嘴：104 号、3 号

104 号

104 号

3 号

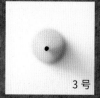

3 号

1. 用 104 号花嘴裱一个圆柱体的桩。（图 1）
若桩不稳固可以在桩的底部挤一块奶油霜
加固。

2. 用 3 号花嘴在桩上以裱拉的方式裱花芯。
（图 2）

3. 第一层三瓣，花嘴沿着桩的底部开始大
头朝下由下至上裱花瓣，花瓣要高过花芯
一点点，不可比花芯低，到顶部再往下拉
花瓣，结尾处一定要到桩的底部，以保桩
的稳固。（图 3、图 4）

4. 第二层四瓣，花瓣与前一层裱法相同，
四瓣包圆，但花嘴要稍微外开一点，以达
到花瓣绽放的效果。花瓣的高度与前一层
一致。（图 5）

CAMELLIA

山茶 2

山茶花在落花之时，并非一簇而落而是一片一片花瓣飘零落下，待到生命结束。如此有耐心、优雅而柔情，你是否也感受到了它的执着与温柔。

手机扫一扫
看高清教学视频

裱花嘴：120 号、3 号

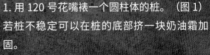

120 号　　　　120 号

3 号　　　　　3 号

贴士：

花形要圆，桩不稳时，可以每一圈用奶油霜加固一下。花嘴要一层比一层开，以达到绽放的效果。

1. 用 120 号花嘴裱一个圆柱体的桩。（图 1）若桩不稳定可以在桩的底部挤一块奶油霜加固。

2. 第一层，花嘴开口垂直于裱花钉，在桩的顶部裱三瓣。花瓣与花瓣之间紧挨着，不需要重叠。（图 2、图 3）

3. 第二层，花嘴向外打开，花瓣从底部拉高，转动花钉，再拉回到第一层花瓣的底部。裱花瓣时，手往里轻轻地不规则地向里拉两下，使其花瓣内部出现轻微褶皱。（图 4）其余两瓣以同样的方法裱。三瓣重叠。（图 5）

4. 第三层跟第二层裱法一致。花嘴更开一点（图 6）。桩不稳可以在花瓣下用奶油霜围一圈巩固桩。

5. 在花中心用 3 号嘴把花芯点上即可。（图 7）

FREESIA

苍兰

天真甜美的脸庞就如画中的纯情少女一样，不食人间烟火同时亦不知人心险恶。听到甜言蜜语，总显得无力招架，沉醉于如诗如画般的爱恋中不能自拔。

手机扫一扫
看高清教学视频

1

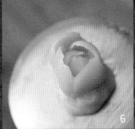

2

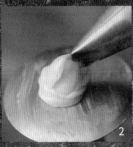

3

4

5

6

7

贴士：

每一层花瓣都是在桩上裱
的，三层花瓣高度相同，外
面两层不可低于第一层。第
一层花瓣要小，第一层花瓣
的大小决定了花的大小。

裱花嘴：120 号

120 号

120 号

1. 用花嘴做一个矮胖的桩。（图1）
2. 在桩上开始裱花瓣，花嘴大头朝下，第
   一层三瓣，裱花瓣时注意花瓣要短，第三
   瓣包住第一、第二瓣。（图2、图3）
3. 第一层花瓣裱好后，开始做第二层花瓣，
   第二层三瓣，裱花瓣时要注意花瓣与花瓣
   之间不可重叠，上一瓣裱好，下一瓣紧挨
   着上一瓣开始裱制。每一瓣花瓣结束时，
   花嘴向外翻一下，以防花瓣往里扣。（图4、
   图5）
4. 第二层裱好，开始裱第三层，第三层的
   花瓣三瓣，每瓣花瓣要挡住第二层花瓣与
   花瓣之间的接缝处。花瓣要短。（图6、图7）

SCABIOSA

蓝盆 1

手机扫一扫
看高清教学视频

流年似水，太过匆匆，一些故事来不及真正开始，就被
写成了昨天；一些人还没有好好相爱，就成了过客。

裱花嘴：104 号、3 号

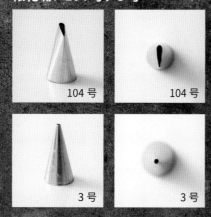

104 号

104 号

3 号

3 号

1. 用 104 号花嘴在裱花钉边缘位置开始裱制（图 1），小头朝外以上下抖动的方式抖两下，再由外向里收着裱花瓣，重复同样的动作裱花瓣，直到裱圆为止，第一层的大小跟裱花钉一样大（图 2、图 3）。

2. 第二层的花瓣要比第一层的花瓣略短。以同样的方法裱花瓣。（图 4、图 5）

3. 最后在花的中心用 3 号花嘴点上花芯即可。（图 6）

贴士：

平面的花没有桩，在裱花钉上裱好是移不下来的，裱时一定要垫油纸，裱好冷冻后把油纸撕下才能用。花一定要圆，成形才好看。蓝盆花较大，可以直接在杯子蛋糕上裱制。

SCABIOSA

蓝盆 2

有缘的人，无论相隔千万之遥，终会
聚在一起，携手红尘。无缘的人，纵
是近在咫尺，也恍如陌路，无份相逢。

手机扫一扫
看高清教学视频

贴士：

平面的花没有桩，在
裱花钉上裱好是移不
下来的，裱时一定要
垫油纸，裱好冷冻后
把油纸撕下才能用。
花一定要圆。蓝盆花
较大，可以直接在杯
子蛋糕上裱。

裱花嘴：104 号、3 号、81 号

104 号

104 号

3 号

3 号

81 号

81 号

1. 用 104 号花嘴小头朝外在裱花钉边缘位
置开始裱制（图 1），由内至外沿着裱花
钉的边缘裱 M 形的花瓣，重复同样的动作
裱花瓣，直到裱圆为止，第一层的大小跟
裱花钉一样大。（图 2）

2. 第二层的花瓣要比第一层的花瓣略短。
以同样的方法裱花瓣。（图 3）

3. 第三层的花瓣要比第二层的花瓣略短。
以同样的方法裱花瓣。（图 4）

4. 三层花瓣裱好后，用 3 号花嘴在花中
点上圆点的花芯。（图 5）

5. 最后在花的花芯边缘用 81 号花嘴以裱
拉的方法裱两圈花瓣即可。（图 6）

TULIPA

郁金香

手机扫一扫
看高清教学视频

有如一位亭亭玉立的美人，安静而又迷人地矗
立在花海中，让人渴望簇拥，也渴望轻嗅。

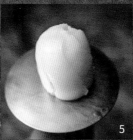

贴士：

郁金香一定要多做几
朵，放在一起才会好看。

裱花嘴：120 号

120 号

120 号

1. 将 120 号花嘴垂直，裱一个竖直的高桩，
桩要稳。（图1）

2. 花嘴贴着桩，从下往上开始裱花，当花
嘴到桩的顶部时，把裱花嘴小头朝上，开
口与裱花钉的表面垂直，由上而下裱（图
2），裱到桩的三分之二或四分之三处，花
瓣完成。如果拉到底部，郁金香则会显得
肥大。重复此方法，直到花瓣把桩完全覆
住即可。（图3）最后一瓣，花瓣要完全
拉至底部。（图4、图5）

MINI ROSE

迷你玫瑰

等待一场姹紫嫣红的花事，是幸福。
在阳光下和喜欢的人一起筑梦，是幸福。
守着一段冷暖交织的光阴慢慢变老，亦是幸福。

1

2

5

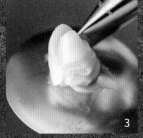

3

6

4

贴士：

桩一定要稳固，桩不
稳时，一定要在底部
加奶油霜加固。花瓣
一定要拉高。

裱花嘴：104 号

104 号

104 号

1. 裱一个圆柱体的桩。（图 1）若桩不稳
定可以在桩的底部挤一块奶油霜加固。

2. 花嘴大头朝下向前倾斜，在桩上由右至
左裱一个小圈作为花芯。（图 2）小圈的
洞一定要小，不可太大。

3. 第一层三瓣，花嘴大头朝下，沿着桩的
底部开始由下至上裱花瓣，花瓣要高过花
芯一点点，不可比花芯低，到顶部再往下
拉花瓣，结尾处一定要到桩的底部，以保
桩的稳固。（图 3）

4. 第二层五瓣，花瓣与前一层裱法相同，
五瓣包圆，但花嘴要稍微外开一点，以达
到花瓣绽放的效果。花瓣的高度与前一层
一致。（图 4~ 图 6）

HALF-BLOWN ROSE

小玫瑰

手机扫一扫
看高清教学视频

人间许多情事其实只是时光撒下的谎言，而我
们却愿意为一个谎言执迷不悔，甚至追忆一生。

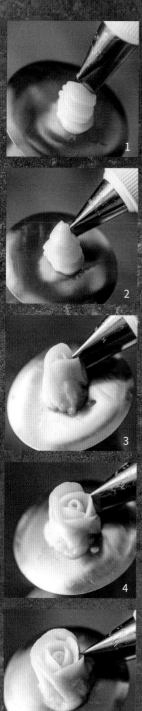

1

2

3

4

5

6

7

贴士：

桩一定要稳固，桩不
稳时，一定要在底部
加奶油霜加固。花瓣
一定要拉高。

裱花嘴：104 号

104 号

104 号

1. 用 104 号花嘴裱一个圆柱体的桩。（图 1）
若桩不稳定可以在桩的底部挤一块奶油霜加
固。

2. 花嘴大头朝下向前倾斜，在桩上由右至左
裱一个小圈作为花芯。（图 2）小圈的洞一定
要小，不可太大。

3. 玫瑰的花瓣第一层三瓣，花嘴大头朝下沿
着桩的底部开始由下至上裱花瓣，花瓣要高过
花芯一点点，不可比花芯低，到顶部再往下拉
花瓣，结尾处一定要到桩的底部，以保桩的稳
固。（图 3）

4. 第二层五瓣，花瓣与前一层裱法相同，五
瓣包圆，但花嘴要稍微外开一点，以达到花瓣
绽放的效果。花瓣的高度与前一层一致。（图 4）

5. 第三层五瓣，裱法相同，但花瓣的高度要
比前一层略低一些，花嘴要更外翻一点。（图
5、图 6）

ROSE
大玫瑰

手机扫一扫
看高清教学视频

我们都知道，姹紫嫣红的春光固然赏心悦目，却也抵不过四季流转，该开幕时总会开幕，该散场终要散场。但我们的心灵可以栽种一株菩提，四季常青。

82

1

6

贴士：

桩一定要稳固，桩不
稳时，一定要在底部
加奶油霜加固。花瓣
一定要拉高。

2

3

4

5

裱花嘴：104 号

104 号

104 号

1. 裱一个圆柱体的桩。（图 1）若桩不稳定
可以在桩的底部挤一块奶油霜加固。

2. 花嘴大头朝下向前倾斜，在桩上由右至
左裱一个小圈作为花芯。（图 2）小圈的洞
一定要小，不可太大。

3. 玫瑰的花瓣第一层三瓣，花嘴大头朝下，
沿着桩的底部开始由下至上按顺时针方向
裱花瓣，花瓣要高过花芯一点点，不可比
花芯低，到顶部再往下拉花瓣，结尾处一
定要到桩的底部，以保桩的稳固。（图 3）

4. 第二层五瓣，花瓣与前一层裱法相同，
五瓣包圆，但花嘴要稍微外开一点，以达
到花瓣绽放的效果。花瓣的高度与前一层
一致。（图 4）

5. 第三层七瓣，裱法相同，但花瓣的高度
要比前一层略低一些，花嘴要更外翻一点。
（图 5）

6. 第四层三瓣，裱法相同，花瓣的高度比
前一层再略低一些，花嘴更外翻一点。（图 6）

ROUND ROSE
车轮玫瑰

手机扫一扫
看高清教学视频

如果我们守不住约定，就不要轻许诺言，纵算年华老去，还可以独自品尝那杯用烦恼和快乐酿造的美酒。

贴士：

时刻要检查花的整体是否为圆形，不可是方形或三角形。花瓣为五层或六层均可，只要花的整体效果圆润即可。手工中号、手工小号花嘴均可用来裱车轮玫瑰。花嘴的大小决定了花的大小。

裱花嘴：手工中号、3号

手工中号　手工小号　　手工中号　手工小号

 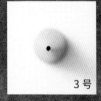

3号　　　　　　3号

1. 用花嘴做一个矮胖的桩。（图1）

2. 在桩上开始裱花瓣，将手工中号花嘴垂直于裱花钉，转动裱花钉，同时转圈挤裱。（图2）

3. 转圈挤裱时，外层花瓣比内层稍高一点，转圈挤裱至花瓣完成，以3号花嘴挤上花芯即可。（图3~图5）

BRITISH ROSE
英伦玫瑰

手机扫一扫
看高清教学视频

看到一缕和暖的阳光，看到一只闲庭信步的蚂蚁，看到一株风中摇曳的绿草。只在刹那，他或许就明白，原来活着竟是这般美好。

贴士：

时刻要检查花的整体
是否为圆形，不可是
方形或三角形。花瓣
为四瓣或五瓣均可，
只要花的整体效果圆
润即可。

裱花嘴：104 号

104 号

104 号

1. 首先用花嘴裱一个圆形的桩。桩要有一
定厚度。（图 1）

2. 在桩的中心花嘴大头朝下、开口垂直于
裱花钉，左右摇动裱出波浪形花瓣。（图 2）

3. 在第一瓣花瓣边上任意位置以同样的方
法裱第二瓣。在桩上裱一个一元硬币大
小的圆形内层花瓣。（图 3、图 4）

4. 内层花瓣裱好后，开始裱外围的花瓣，
第一层四瓣，外瓣要比内瓣稍高，裱时花
嘴大头朝下、开口垂直于裱花钉的表面稍
微提高一点，从左向右裱花瓣。（图 5）

5. 外围第二层五瓣，裱法与第一层相同，
花瓣与前一层高度差不多，角度稍微往外
开一点。（图 6、图 7）

BACKHAND
ROSE
反手玫瑰

手机扫一扫
看高清教学视频

活在当下，做每一件自己想做的事，去
每一座和自己有缘的城市，看每一道动
人心肠的风景，珍惜每一个擦肩的路人。
纵算经历颠沛，尝尽苦楚，也无怨悔。

1

6

2

贴士：

裱花瓣的顺序是从左向右的，花瓣基本五瓣包圆比较好看，如若裱好五瓣花形不圆，可以在不圆处多裱一瓣补圆。花嘴要越来越向外，花瓣才会有绽放的效果。手工中号和手工小号花嘴均可裱挤反手玫瑰。

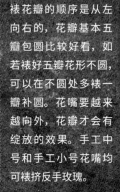

3

4

裱花嘴：手工中号（或手工小号）

手工中号　手工小号　　　　手工中号　手工小号

5

1. 用花嘴裱一个圆柱体的高桩（图1）。若桩不稳定可以在桩的底部挤一块奶油霜加固。

2. 在桩上由右至左裱一个小圈作为花芯（图2）。小圈的洞一定要小，不可太大。花嘴向前倾斜。

3. 第一层三瓣，花嘴沿着桩的底部开始由下至上按逆时针方向裱花瓣，花嘴从左往右裱，花瓣要高过花芯一点点，不可比花芯低，到顶部再往下拉花瓣，结尾处一定要到桩的底部，以保桩的稳固。（图3）

4. 第二层五瓣，花瓣与前一层裱法相同，五瓣包圆，但花嘴要稍微外开一点，以达到花瓣绽放的效果。花瓣的高度与前一层一致。（图4）

5. 第三层与第二层裱法相同。想要花大一点可以多裱两层。（图5、图6）

AUSTIN ROSE

奥斯汀 1

手机扫一扫
看高清教学视频

每个人的人生都是在旅程，只是所走的路径不同，所选择的方向不同，所付出的情感不同，而所发生的故事亦不同。

90

裱花嘴：手工中号（或手工小号）

手工中号　手工小号　　手工中号　手工小号

1. 用花嘴裱一个跟裱花钉差不多大的圆形底桩，桩要厚一点。（图1）

2. 裱花嘴的下缘陷入桩内，由外向里向花芯位置推进再拉出，画五角星。如果裱花嘴陷得不够深，花瓣容易倒塌。（图2）

3. 第一个五角星裱出来后，可沿着它裱第二、第三层（图3）。但与第一层不同的是后两层无需将花嘴陷入桩内。五角星的大小决定了花的大小。

4. 完成内三层后，可裱第四层的外瓣。第四层裱五瓣，外瓣要比内瓣稍高，裱时花嘴开口要垂直于裱花钉的表面，花嘴要稍微提高一点。（图4、图5）

5. 第五层裱五瓣，花瓣与前一层高度差不多，角度稍微往外开一点。（图6~图8）

 1

 6

 2

 7

 3

 8

 4

 5

贴士：

时刻要检查花的整体是否为圆形，不可是方形或三角形。第四、第五层花瓣裱四瓣或五瓣均可，只要花的整体效果圆润即可。

AUSTIN ROSE

奥斯汀 2

手机扫一扫
看高清教学视频

背上行囊，就是过客；放下包袱，就找到了故乡。其实每个人都明白，人生没有绝对的安稳，既然我们都是过客，就该携一颗从容淡泊的心，走过山重水复的流年，笑看风尘起落的人间。

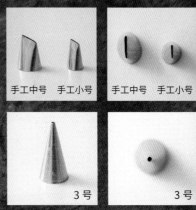

裱花嘴：手工中号、3号

手工中号　手工小号

手工中号　手工小号

3号

3号

1. 用手工中号花嘴裱一个跟裱花钉差不多大的圆形底桩，桩要厚一点。（图1）

2. 将手工中号花嘴陷入桩内，沿桩边缘由里向外裱出一个角，而后依次沿着前一瓣裱三层，共四层。（图2、图3）

3. 一个角裱好后，以同样的方法裱出另外四个角，一共五个角。（图4）

4. 五个角挤好后，可以裱外瓣了，外瓣要比内层略高一点，花嘴开口垂直于裱花钉表面并稍微提高一点。（图5、图6）

5. 外层第一层裱好了，可以裱第二层了。第二层角度开一点，跟前一层的高度差不多。（图7、图8）

6. 裱制第三层时，花嘴角度要比第二层打开一些，花瓣比前一层略低一点。第四层角度比第三层打开一些，花瓣比第三层略低一点。花瓣都裱好后，在中间的缝隙处用3号花嘴垂直裱上花芯。（图9）

贴士：

时刻观察花，是不是圆形，五个角的大小要差不多大，不可大小差异悬殊。

BUTTERCUP

毛茛

手机扫一扫
看高清教学视频

有些人在属于自己的狭小世界里，守着简单的安稳与幸福，不惊不扰地过一生。
有些人在纷扰的世俗中，以华丽的姿态尽情地演绎一场场悲喜人生。

1

6

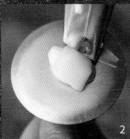

2

7

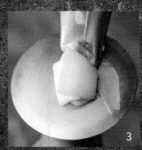

3

8

4

贴士：

当一层一层花瓣叠加时，花瓣要一层层往外走，才会有层次感。花一定要圆。

5

裱花嘴：手工中号或手工小号

 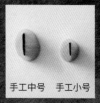

手工中号　手工小号　　手工中号　手工小号

1. 将花嘴垂直，裱一个小小的底桩。（图 1）

2. 从左向右裱花瓣，花嘴向前倒 180°。（图 2）

3. 第一层花瓣三瓣，花瓣起始点从前一瓣的中间位置开始裱。三瓣花瓣正好把桩完全覆盖。（图 3、图 4）

4. 除了第一层花瓣是三瓣，以后的每一层都是五瓣，花瓣的裱法相同。第二层五瓣的效果图。（图 5）毛茛没有层数要求，裱到需要的大小即可。花的大小取决于层数的多少。（图 6~ 图 8）

HANOI BUTTERCUP
河内毛茛

贴士：

采用 120 号花嘴裱桩
和花芯，124 号花嘴
裱花瓣。124 号花嘴
较窄，所以裱出来的
花瓣很薄。要注意挤
时用力过大花瓣容易
出褶皱，此款花嘴比
较难掌控。每层花瓣
的高度要一致。

手机扫一扫
看高清教学视频

有人说，爱上一座城，是因为城中住着某个喜欢
的人。其实不然，爱上一座城，也许是为城里的
一道生动风景，为一段青梅往事，为一座熟悉老宅。

1

6

2

7

3

4

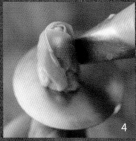
5

裱花嘴：120 号、124 号

120 号

120 号

124 号

124 号

1. 用 120 号花嘴裱一个圆柱体的桩。（图 1）若桩不稳定可以在桩的底部挤一块奶油霜加固。

2. 用 120 号花嘴在桩上由右至左裱一个小圈作为花芯。（图 2）小圈的洞一定要小，不可太大。花嘴向前倾斜。

3. 第一层三瓣，用 124 号花嘴沿着桩的底部开始由下至上裱花瓣，花瓣要高过花芯一点点，不可比花芯低，到顶部再往下拉花瓣，结尾处一定要到桩的底部，以保桩的稳固。（图 3、图 4）

4. 从第二层开始，不限花瓣瓣数。裱法与第一层相同，花瓣长度没有要求，只要把花形裱圆即可，花嘴开口垂直于裱花钉表面。毛茛的层次要多才好看，多裱几层，裱到你想要的大小即可。（图 5~ 图 7）

LITTLE DAISY

小雏菊

手机扫一扫
看高清教学视频

我们应当相信，每个人都是带着使命来到人间的。

无论他多么的平凡渺小，多么的微不足道，

总有一个角落会将他搁置，总有一个人需要他的存在。

贴士：

平面的花没有桩，在裱花钉上裱好
是移不下来的，裱时一定要垫油纸，
裱好冷冻后把油纸撕下才能用。花
一定要圆。雏菊花瓣八瓣以上即可。

裱花嘴：101 号、3 号

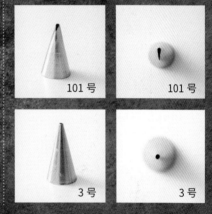

1. 将 101 号裱花嘴立起，大头稍微贴着裱
花钉的中心位置，然后由内向外再向里裱
出第一瓣圆形花瓣。（图 1）

2. 裱花嘴返回中心位置，接着第一瓣的下
面，以同样的方法裱出下一瓣。以此类推。
（图 2）

3. 裱最后一瓣时，为了防止最后一瓣把第
一瓣弄坏，花嘴稍微提起一点，刚刚盖到
第一瓣即可（图 3、图 4），裱好最后一
瓣花嘴从上方拿开，不要往下拉。

 5. 花瓣裱好，在中心用 3 号嘴点上花芯
即可。（图 5、图 6）

DAISY

小菊花

手机扫一扫
看高清教学视频

每个人的一生都在演绎一幕又一幕的戏，
或真或假、或长或短、或喜或悲。

裱花瓣时，花瓣与花瓣之间一定要紧挨着，前一层与后一层的花瓣也一定要紧挨着。如若花瓣未贴着，花则很容易散开。

裱花嘴：81号、3号

1. 用81号裱花嘴裱一个圆形底桩，桩要厚一点。（图1）

2. 先在桩的中心以裱拉的手法裱四瓣花瓣围圆，花嘴垂直于裱花钉表面。（图2）然后沿着这个中心一圈一圈地以同样的方法裱出小花瓣，（图3）每瓣花瓣都要在桩上裱，裱到花瓣完全覆盖桩为止。花瓣的高度不重要，但要保持高度一致。

3. 当花形变大时，花瓣的角度要渐渐往外绽开，花嘴往外打开。花形一定要圆。（图4~图6）

4. 花瓣裱好后，用3号裱花嘴在中心点上花芯即可。（图7）

DAHLIA

大丽花

手机扫一扫
看高清教学视频

邂逅一个人，只需片刻，
爱上一个人，往往会是一生。

裱花嘴: 81 号

81 号

81 号

1. 裱一个跟裱花钉差不多大的圆形底桩，桩要厚一点。（图 1）

2. 先在桩的中心以裱拉的手法裱两瓣互相交叠的花瓣，花嘴垂直于裱花钉表面（图 2）。然后沿着这个中心一圈一圈地以同样的方法裱出小花瓣（图 3、图 4），每瓣花瓣都要在桩上裱，裱到花瓣完全覆盖桩为止。花瓣的高度不重要，但要保持高度一致。

3. 当花形变大时，花瓣的角度要渐渐往外绽开，花瓣往外打开。花形一定要圆。（图 5、图 6）

1

2

5

6

3

4

贴士:

裱花瓣时，花瓣与花瓣之间一定要紧挨着，前一层与后一层的花瓣也一定要紧挨着。如若花瓣未贴着，花则很容易散开。

DANDELION
蒲公英

手机扫一扫
看高清教学视频

人生需要留白，残荷缺月也是一种美丽，粗茶淡饭也是一种幸福。生活原本就不是乞讨，所以无论日子过得多么窘迫，都要从容地走下去，不辜负一世韶光。

贴士：

裱花瓣时，花瓣与花瓣之间一定要紧挨着，前一层与后一层的花瓣也一定要紧挨着。如若花瓣未贴着，花则很容易散开。

裱花嘴：227 号

227 号

227 号

1. 裱一个圆形底桩，桩要厚一点。（图 1）
2. 先在桩的中心以裱拉的手法裱两瓣互相交叠的花瓣，花嘴垂直于裱花钉表面。（图 2）然后沿着这个中心一圈一圈地以同样的方法裱出小花瓣（图 3、图 4），每瓣花瓣都要在桩上裱，裱到花瓣完全覆盖桩为止。花瓣的高度不重要，但要保持高度一致。
3. 当花形变大时，花瓣的角度要渐渐往外绽开，花嘴往外打开。花形一定要圆。（图 5~ 图 7）

CARNATION

康乃馨

手机扫一扫
看高清教学视频

无论你如何隐藏，想要挽留青春的纯真，岁月还是会无情地在你脸上留下年轮的印记与风霜。

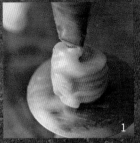

1

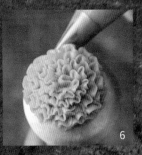

2

3

4

5

6

7

贴士：

裱桩上的圆时，需花嘴垂直，裱好圆之后花嘴应向外打开一点。每一瓣花瓣都在上一瓣结束的接缝处开始裱。侧面的花瓣一定要一层一层地往下走，花才会呈现出半球形。

裱花嘴：手工小号

手工中号　手工小号

手工中号　手工小号

1. 首先裱一个圆高的柱形桩。花嘴垂直于裱花钉表面，桩一定要稳要大。（图1）

2. 在桩的中心将花嘴左右摇动裱出波浪形花瓣。（图2）

3. 在第一瓣花瓣边上任意位置以同样的方法裱第二瓣。（图3）

4. 康乃馨裱花瓣没有规律，在桩上裱一个跟桩大小差不多的圆即可，花嘴的开口与裱花钉的表面垂直。（图4、图5）

5. 圆裱好后，在最后一瓣的接缝处挤下一瓣。花嘴往外打开一点，以同样的方法裱花瓣，不同的是花瓣从上往下斜着下来。花瓣一层一层地往下走，裱圆即可。（图6）

PEONY

芍药 1

手机扫一扫
看高清教学视频

爱上一个人，有时候不需要任何理由，
没有前因，无关风月，只是爱了。

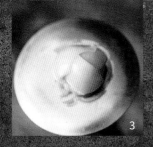

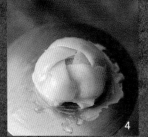

贴士：

花瓣要一层一层向边
上走，不可后一层将
上一层完全覆盖，不
然没有层次感。花形
一定要圆。

裱花嘴：120号

120号   120号

1. 裱一个矮小的桩（图1）。

2. 从左向右裱花瓣，花嘴大头朝外第一层
三瓣，三瓣把桩完全覆盖，花嘴向里倒。（图
2、图3）

3. 第二层五瓣，以同样的方法裱花瓣。（图
4）花瓣覆盖在前一层上。

4. 从第三层开始每瓣花瓣都要落在前一层
的两瓣花瓣之间。花瓣从上一瓣的中间开
始裱，从底部斜角45°向上拉花瓣，到顶
部力道稍微大力一点，一紧一松则会出现
自然的褶皱（图5）。花瓣不是靠手拉出
来的，是转动裱花钉裱出来的。

5. 第三层开始瓣数不限，只要包圆即可，
层数越多，花就越大。（图6、图7）

PEONY

芍药 2

贴士:

花形要圆，花嘴从开
始的向前倒慢慢一层
层地打开。

裱花嘴: 120 号

120 号

120 号

萍水相逢随即转身不是过错,刻骨相爱天荒地老也并非完美。在注定的因缘际遇里,我们真的是别无他法。

1. 首先裱一个圆柱形的高桩(图1),花嘴垂直于裱花钉表面,奶油霜要硬一点,太软桩容易倒。

2. 花嘴大头朝外向前倒,从下部开始,由下往上再往下再往上,像画"m"形一样,不间断地裱花瓣,同时花钉一定要转起来。(图2)顶上一定要封封口,以三瓣花瓣包住桩。(图3)

3. 以同样的裱法,花瓣一层一层转着裱下来,花嘴要一直贴着前一层花瓣。(图4)

4. 裱到一定的大小,在外围从左向右裱花瓣,花瓣与花瓣之间紧挨着,不需要重叠。(图5、图6)

EUSTOMA
洋桔梗

幸福是一件多么奢侈的事，人生总是有太多的遗憾，由不得你我去放任快乐。

112

贴士：

124 号花嘴非常薄，比较难掌控。用力过大会皱得很厉害，花瓣容易倒；用力过小花瓣则容易断开。此花的褶皱跟用力有关，无需手抖动。

裱花嘴：124 号、3 号

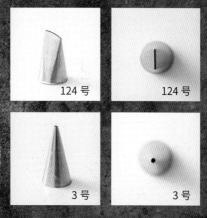

124 号

124 号

3 号

3 号

1. 用 124 号花嘴裱一个方形的高桩。若桩不稳定可以在桩的底部挤一块奶油霜加固。（图 1）

2. 第一层三瓣，花嘴开口垂直于裱花钉表面，花嘴沿着桩的底部开始由下至上裱花瓣，花瓣要高过桩一定的距离，不可跟桩差不多高，到顶部再往下拉花瓣，结尾处一定要到桩的底部，以保桩的稳固。（图 2）

3. 第二层开始，没有瓣数要求，只要花形圆即可。以同样的方法裱花瓣（图 3），花嘴向外打开一点，花瓣比前一层略低一点（图 4），桔梗没有层数要求，层数越多，花就越大，越到外层，花嘴越开（图 5）。

4. 最后，用 3 号嘴在花中心点上花芯即可。（图 6）

PEONY
洋牡丹

手机扫一扫
看高清教学视频

人生有太多过往不能被复制，比如青春、比如情感、比如幸福、比如健康，以及许多过去的美好连同往日的悲剧都不可重复。

贴士：

第一层花瓣一定要高
过花芯，花形要圆。

裱花嘴：120 号

120 号

120 号

1. 用花嘴裱一个矮小的桩（图 1）。

2. 在桩上由右至左裱一个小圈作为花芯（图 2）。小圈的洞一定要小，不可太大。花嘴大头朝下向前倾斜。

3. 花嘴从右向左裱花瓣，花瓣要拉高，高过花芯，拉到顶部时，手稍微用点力，一紧一松，出现自然的褶皱，再向下拉到桩的底部（图 3），后一瓣在前一瓣的中间开始以同样的方法裱下一瓣，第一层三瓣包圆即可（图 4）。

4. 第二层开始五瓣包圆，以同样的方法裱。第二层的花瓣高度稍微比第一层高一点。花嘴要贴着前一层裱。（图 5）

5. 第三层开始，没有瓣数要求，以相同的方法裱，只要花形圆即可。（图 6）

DAHLIA
PINNATA
天竺牡丹

手机扫一扫
看高清教学视频

往往许多苦思冥想都参悟不透的道理，在某个寻常的瞬间，一切都有了答案。

贴士：

花瓣前三层大小一致，第四层开始每一层比前一层短一点，不可短得太多。

裱花嘴：101 号、3 号

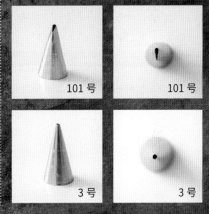

101 号

101 号

3 号

3 号

1. 用 101 号花嘴裱一个圆底的桩，桩要有一定的厚度。（图 1）

2. 裱花嘴立起，大头朝外，下缘稍微贴着桩的中心位置，然后由内向外再向里裱出第一瓣圆形花瓣。裱花嘴返回中心位置，接着第一瓣的下面，以同样的方法裱出下一瓣。以此类推。（图 2）

3. 裱最后一瓣时，为了防止最后一瓣把第一瓣弄坏，花嘴稍微提起一点，刚刚盖到第一瓣即可（图 3），裱好最后一瓣后花嘴从上方拿开，不要往下拉。

4. 第一层花瓣裱好后，以同样的方法在第一层上裱第二层、第三层。前三层的大小一致。（图 4、图 5）

5. 从第四层开始，每一层比前一层短一点，以此类推。（图 6）

6. 花瓣裱好后，在中心用 3 号嘴点上花芯即可。（图 7、图 8）

LEAF
叶子 1

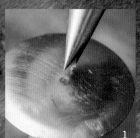 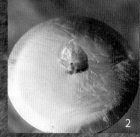

裱花嘴：352 号

352 号

1. 花嘴向后倒，下缘抵着花钉。（图 1）
2. 用力挤裱花袋，花瓣呈桃心形状即可。（图 2）

贴士：

叶子一定要肥大才好看，不能太瘦，否则不会出形。叶子一般直接在蛋糕上裱挤。

手机扫一扫
看高清教学视频

无论做什么，记得为自己而做，那就毫无怨言。

LEAF
叶子 2

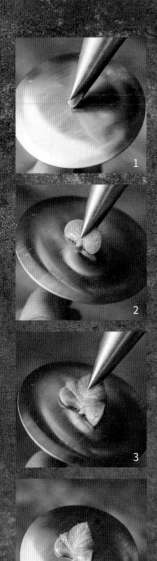

裱花嘴：352 号

352 号

1. 花嘴向后倒，下缘抵着花钉。（图 1）
2. 用力挤裱花袋，花瓣呈桃心形状（图 2），此时花嘴频繁地向前插（图 3），到了想要的大小即可。

贴士：

叶子一定要肥大才好看，不能太瘦，太瘦则不会出形。叶子一般直接在蛋糕上裱挤。

手机扫一扫
看高清教学视频

已去之事不可留，已逝之情不可恋，
能留能恋，就没有今天。

LEAF
叶子 3

失去的东西，其实从来未曾
真正地属于你，也不必惋惜。

手机扫一扫
看高清教学视频

裱花嘴：104 号

104 号　　　　104 号

1.花嘴小头朝外斜着抖动向斜上方拉。(图1)
2.拉到顶部花嘴垂直（图2），才能出尖角，接着花嘴斜着向下拉。（图3、图4）

贴士：

平面的叶子没有桩，
在裱花钉上裱好是移
不下来的，裱时一定
要垫油纸，裱好冷冻
后把油纸撕下才能用。

SUCCULENT
PLANTS
多肉 1

手机扫一扫
看高清教学视频

要生活得漂亮，需要付出极大忍耐，一不
抱怨，二不解释，绝对是个人才。

裱花嘴：101 号

101 号 101 号

1. 用花嘴裱一个圆柱体的桩。（图1）若
桩不稳定可以在桩的底部挤一块奶油霜加
固。
2. 花嘴大头朝上向前倾斜，在桩上由右至
左裱一个小圈作为花芯。（图2）小圈的
洞一定要小，不可太大。
3. 花瓣从左向右沿着桩由下向上裱花瓣，
花瓣要高于花芯一点点，花嘴大头朝上，
花嘴角度要一点一点稍微外开，以达到绽
放的效果。花瓣没有瓣数要求，花形裱圆
即可。（图3、图4、图5）

SUCCULENT
PLANTS
多肉 2

手机扫一扫
看高清教学视频

一个成熟的人往往发觉可以责怪
的人越来越少，人人都有他的难
处。

124

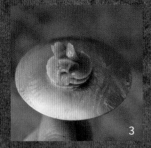

贴士：

花瓣与花瓣之间要前后左右相互紧挨着。

裱花嘴：101 号

101 号   101 号

1. 用花嘴裱一个圆形的桩。（图 1）桩要稍微有一定的厚度。以防花无法从裱花钉上移下来。（图 1）

2. 在桩的中心以裱拉的手法裱三瓣相互挨着的花瓣，花嘴要垂直。（图 2、图 3）

3. 然后沿着这个中心一圈一圈地以同样的方法裱出小花瓣，（图 4）每瓣花瓣都要在桩上裱，裱到花瓣全覆盖桩为止。花瓣的高度不重要，但外层要比内层略高一点。没有瓣数要求，裱圆即可，花嘴要一层比一层开，以达到绽放的效果。（图 5）

SUCCULENT
PLANTS
多肉 3

真正的才华如火焰般难以收藏，总会燎原。

手机扫一扫
看高清教学视频

裱花嘴：61 号

61 号

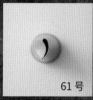

61 号

1. 花嘴小头朝外裱一个圆形的桩，桩要有一定的厚度。（图 1）以防花无法从裱花钉上移下来。

2. 在桩上裱花瓣，花嘴向外倾斜由里向外再由外向里挤花瓣。（图 2）花瓣的长度正好覆盖桩，花瓣的瓣数由桩的大小决定，把桩全部覆盖即可。（图 3）用牙签在花瓣顶部向外拉出尖角。（图 4）

3. 第一层裱好后，在第一层上以同样的方法裱第二层，第二层的第一瓣在第一层花瓣接缝处开始裱。第二层比第一层少一瓣。第三层裱法与上一层相同，第三层比第二层少一瓣。（图 5、图 6）

贴士：

花瓣的尖角是用牙签拉出来的，每裱好一层用牙签拉一圈。

PINECONE
松果

两个人的适靴是一种内心感觉，而不是一种视觉，千万不要因满足视觉而忽视感觉。

贴士：

桩要高，奶油霜要硬一点，松果的中间要大，底部要小。

裱花嘴：81号

81号　　　　81号

1. 首先裱一个圆柱形的高桩（图1），奶油霜要硬一点，太软桩容易倒。
2. 花嘴向前倒，以上 - 下 - 上 - 下的方式裱花瓣，同时花钉一定要转起来。（图2）顶上一定要封封口，以花瓣盖住桩。（图3）
3. 以同样的裱法，花瓣一层一层转着裱下来，花嘴要一直贴着前一层花瓣（图4）。花嘴的角度要一点一点往外打开。松果的中间要大，底部要小。（图5、图6）

PINECONE

松塔

手机扫一扫
看高清教学视频

生命从来不是公平的，得到多少，便要靠
那个多少做到最好，努力地生活下去。

贴士:

花嘴角度从平放到一点一点往里收，最后垂直结束。这款松塔要垫油纸裱。

裱花嘴: 61号

61号　　　　　　61号

1. 首先裱一个圆柱形的高桩。花嘴垂直。（图1）

2. 以桩为中心，裱花瓣，花嘴放平小头朝外由里向外画圆（图2），一瓣接着一瓣围圆即可。（图3）

3. 以同样的方法在第一圈上裱第二圈，第二圈的第一瓣在上一圈两瓣的接缝处开始裱。（图4）第二圈花瓣比第一圈要短一点，花瓣比第一圈少一瓣。

4. 重复同样的裱法，到封口处花嘴垂直，裱一瓣花瓣结束。（图5、图6）

CACTUS
仙人球

手机扫一扫
看高清教学视频

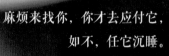

麻烦来找你，你才去应付它，
如不，任它沉睡。

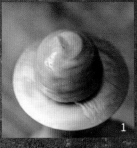

裱花嘴：8 号、352 号、3 号

8 号

8 号

352 号

352 号

3 号

3 号

1. 用 8 号嘴在桩上垂直挤一个圆桩（图 1），圆桩要大一点，高一点。

2. 将 352 号花嘴贴着桩从底部向上拉（图 2），第一条裱好后，第二条贴着第一条开始裱（图 3），以此类推，在桩的表面拉满线条即可。（图 4）

3. 用 3 号嘴，在线条上不规则地裱上小圆点即可。（图 5、图 6）

CHAPTER 4

第四章
作品展示

4/1

杯子蛋糕

品尝一份 *Cupcake*，体味那份精致背后的
味觉放纵，每一份，都是主角，绵密、
清甜、醉人、回味无穷……

1

2

3

康乃馨
杯子蛋糕

基础花型 详见 p.106

配色

落花顺序：

1. 在杯子蛋糕正中央挤一个底桩，将 1 朵花放于桩上，紧挨着中央花朵放置两朵花。

2. 将其余花朵同样紧挨着中央花朵放置。

3. 在花朵与花朵之间挤上叶子点缀即可。

1

2

3

康乃馨
杯子蛋糕

基础花型 详见 p.106

配色

4

5

落花顺序：

1. 制作 6 朵康乃馨。

2. 在杯子蛋糕正中央挤一个底桩，将 1 朵康乃馨放于桩上。

3. 紧挨着中央花朵的右上侧放置两朵。

4. 将剩余 3 朵花同样紧挨着中央花朵放置。

5. 在花朵与花朵之间的缝隙处挤上叶子点缀即可。

康乃馨
杯子蛋糕

基础花型 详见 p.106

配色

落花顺序:

1. 在杯子蛋糕正中央挤一个底桩,将1朵花放于桩上。

2. 将其他花朵紧挨着中央花朵放置。

3. 花朵与花朵之间挤上叶子点缀即可。

1

2

3

落花顺序：

1. 做出玫瑰花朵。

2. 在杯子蛋糕正中央挤一个底桩，将 1 朵花放于桩上。

3. 将其余花朵紧挨着中央花朵放置一圈。花朵与花朵之间挤上叶子点缀即可。

小玫瑰
杯子蛋糕

基础花型 详见 p.80

配色

小玫瑰
杯子蛋糕

基础花型 详见 p.80

配色

1

2

3

4

落花顺序：

1. 做好 6 朵小玫瑰花。

2. 在杯子蛋糕正中央挤一个底桩，将 1 朵花放于桩上，紧挨着中央花朵放置两朵花。

3. 将剩余花朵同样紧挨着中央花朵放置。

4. 在花朵与花朵之间的缝隙处挤上叶子点缀即可。

小玫瑰
杯子蛋糕

基础花型 详见 p.80

配色

落花顺序：

1. 做出玫瑰花朵。

2. 在杯子蛋糕正中央挤一个底桩，将 1 朵花放于桩上，另一朵花紧挨着中央花朵放置。

3. 将其余花朵同样紧挨着中央花朵放置。花朵与花朵之间挤上叶子点缀即可。

迷你玫瑰
杯子蛋糕

基础花型 详见 p.78

配色

落花顺序:

1. 在杯子蛋糕正中央挤一个底桩,将 1 朵迷你玫瑰放于桩上。

2. 紧挨着中央花朵放置两朵花。

3. 将其他花朵同样紧挨着中央花朵放置。在花朵与花朵之间的缝隙处挤上叶子点缀即可。

奥斯汀
杯子蛋糕

基础花型 详见 p.90

落花顺序：

1. 在杯子蛋糕正中央挤一个底桩，将 1 朵奥斯汀斜放于桩上，花朵正面向外。

2. 将另两朵花朵同样放置，花朵与花朵间紧挨着呈三角状。

3. 最后在花朵与花朵之间挤上叶子点缀即可。

1

2

3

配色

落花顺序：

1. 做好 7 朵车轮玫瑰花。

2. 在杯子蛋糕正中央挤一个底桩，将 1 朵花放于桩上，另一朵花紧挨着中央花朵放置。

3. 将剩余花朵同样紧挨着中央花朵放置。

4. 在花朵与花朵之间的缝隙处挤上叶子点缀即可。

1

2

3

车轮玫瑰
杯子蛋糕

基础花型 详见 p.84

4

配色

车轮玫瑰
杯子蛋糕

基础花型 详见 p.84

配色

1

2

3

落花顺序:

1. 做好 7 朵车轮玫瑰花。

2. 在杯子蛋糕正中央挤一个底桩,将 1 朵花放于桩上。

3. 将剩余花朵紧挨着中央花朵放置。在花朵与花朵之间的缝隙处挤上叶子点缀即可。

147

桃花
杯子蛋糕

基础花型 详见 p.54

落花顺序：

1. 做出 9 朵桃花。

2. 将花朵先围着杯子蛋糕的外沿放置一圈。

3. 花朵与花朵之间挤上叶子作点缀，在花朵中心挤上一圈叶子，将最后一朵花放置于叶子中间即可。

配色

桃花
杯子蛋糕

基础花型 详见 p.54

配色

落花顺序:

1. 做出所需花朵。

2. 将花朵先围着杯子蛋糕的外沿放置一圈。逐渐向
内圈放置花朵,最后在中心放置花朵。

3. 在花朵的外圈挤上叶子点缀即可。

报春花
杯子蛋糕

基础花型 详见 p.56

配色

1

2

3

4

落花顺序：

1. 做出所需花朵。

2. 将花朵先围着杯子蛋糕的外沿放置一圈。

3. 逐渐向内圈放置花朵，最后在中心放置花朵。

4. 在花朵的外圈挤上叶子点缀即可。

大丽花
杯子蛋糕

基础花型 详见 p.102

配色

落花顺序：

1. 制作 3 朵大丽花。

2. 准备一个杯子蛋糕坯。

3. 在杯子蛋糕坯中央裱一个跟蛋糕坯差不多大的圆形底桩，桩要厚一点。

4. 紧挨着中央花朵的右上侧放置两朵，将 2 朵大丽花紧挨着呈 A 字形斜放于桩上。

5. 将第 3 朵花与前两朵花紧挨着同样放置于桩上。

6. 在花朵与花朵之间的缝隙处挤上叶子点缀即可。

落花顺序：

1. 沿着杯子蛋糕的边缘挤一层花瓣。

2. 第二层花瓣比第一层略短。

3. 第三层花瓣比第二层花瓣略短。

4. 在花的中心用 3 号花嘴点上花芯即可。

蓝盆
杯子蛋糕

基础花型 详见 p.72

配色

1

2

3

4

5

6

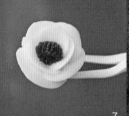

7

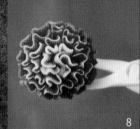

8

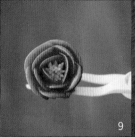

9

组合
杯子蛋糕

基础花型（蓝盆、康乃馨、迷你玫瑰）

详见 p.74、106、78

10

11

落花顺序：

将杯子蛋糕抹面后，如图放置在餐盘上，依次
落花，用 8 号嘴拉花枝，花枝交错放置，最后
在缝隙处填补叶子和花苞即可。

12

4/2
—— 花艺组合蛋糕

宠爱自己吧，为什么不呢？
唯有美丽和美食，不可辜负。

GIFT
礼物

1

制作要点:

蛋糕上落花完成后应里外圈弧度流畅,
整体呈半圆形。

2

3

4

基础花型:

大玫瑰(1,2)

详见 p.82

5

6

落花顺序:

1. 在蛋糕上打半圆形的底桩。(图 3)

2. 在外圈落第一朵花,然后以外圈一朵内圈
一朵的顺序依次落花。(图 4~ 图 6)

3. 最后以叶子、花苞等来填补缝隙。(图 7)

7

配色

BLUE MOOD

蓝色心情

基础花型:
毛莨（1）
详见 p.94

制作要点:
因为椭圆形蛋糕在视觉上比较特别，所以在落花的时候
要注意角度，避免在视觉角度上的不完美。

落花顺序:
1. 先在椭圆形的尖端落三朵，相对的两朵角度呈 A 字形，另一朵
则平放。（图 3）
2. 在平放的花朵边上再落一朵，注意要斜放。（图 4）
3. 用叶子装饰（图 5、图 6），再用 3 号嘴拉枝蔓装饰（图 7）。
4. 在枝蔓边上平放落花，再适当点缀。（图 8、图 9）

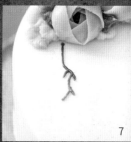

配色

SPRING FLOWERS

春花烂漫

基础花型：

毛茛（1,2,4,5,6）

康乃馨（3,7）

详见 p.94、106

配色

164

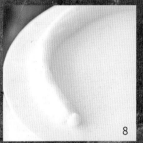

8

9

落花顺序：

1. 在蛋糕上打一个半圆形的桩。（图 8）

2. 在桩的最边缘开始落第一朵花，注意呈 45°角斜落。（图 9）

3. 在第一朵的里面落第二朵，两朵花之间角度呈 A 字形。（图 10）

4. 接着在外圈落两朵花，里圈落一朵。（图 11、图 12）

5. 最后再在桩里外圈落花收尾，两头一定要逐渐收窄，整体的弧度线条要流畅。（图 13~ 图 16）

6. 花全部落好以后开始添叶子、花苞以填补缝隙。（图 17、图 18）

10

11

12

13

14

15

16

17

制作要点：

半环蛋糕要注意里外都是半圆，尤其注意内圈，不要呈现尖角，一定要圆润。整体花形呈月牙形。

18

ELEGANT LIFE
雅致生活

基础花型：

大玫瑰（1,2）

大丽花（3）

详见 p.82、102

配色

1

2

3

制作要点：

花环造型重点在于里外圈的两个圆要
同心，内侧与外侧花朵之间的距离尽
量相等。花之间的角度一致，间距越
小越好。

落花顺序：

1. 在蛋糕上打圆形底桩，桩要有一定高度。（图4）

2. 在圆的外圈开始落花，两朵之间要紧挨着，与桩呈45°角。按外圈两朵内圈一朵的顺序落，落满为止。（图5~图12）

3. 以叶子和花苞填补缝隙即可。（图13、图14）

YOUTH

青葱岁月

基础花型：
大丽花（1）
毛茛（2）
奥斯汀（3）
详见 p.102、94、90

配色

落花顺序：

1. 在蛋糕上用 3 号嘴拉出树枝状的线条，作为桩基。（图 4）

2. 外圈落第一朵花，与桩基呈 45°角。（图 5）

3. 在里圈落一朵花，与桩基呈 45°角，里外交替依次落花。（图 6、图 7）

4. 接着是两朵外圈一朵里圈。（图 8）

5. 在底盘上打桩拉树枝状，并落花作为装饰。（图 9~ 图 11）

6. 最后收尾，以花苞及叶子填补缝隙。（图 12~ 图 14）

制作要点：

颜色搭配与花型的选择一定要和谐，以免破坏整体的风格。

SPLENDID

锦绣

基础花型：

大玫瑰（1）

毛茛（2）

郁金香（3）

详见 p.82、94、76

配色

176

落花顺序：

1. 在蛋糕上打一个圆形的底桩（图4），在外围开始与桩呈45°角斜落花（图5~图9）。

2. 外围留有最后缺口时开始落中间，落的时候注意花的角度，中间高外圈低，落满为止。（图10~图12）

3. 最后把外圈的缺口用花填好，再以盆花、叶子、花苞等装饰。（图13）

制作要点：

花篮和落花都是这款蛋糕的亮点，先做蛋糕体装饰，然后再装饰顶部。

RURAL DANCE

田园舞曲

基础花型:

毛茛 (1)

松塔 (2)

多肉 (3)

金槌花 (4)

详见 p.94、130、122

落花顺序:

1. 在蛋糕上做树枝状的底桩。(图 5)

2. 在外圈与桩呈 45°角斜着落第一朵花,然后内外交错依次落花。(图 6、图 7)

3. 用金槌花对缝隙进行填补。(图 8~ 图 10)

4. 在顶部落完花以后,可以在底部落几朵作为呼应装饰。(图 11)

制作要点:

注意颜色使用与蛋糕整体风格的和谐搭配,侧面拟真树皮的抹面手法也需要多加练习。

配色:

HAPPY TIME

美好时光

制作要点：

半环造型的内外圈必须是两个半
圆，并两头收窄，整体呈月牙形。

基础花型：

松果（1）

无名花（2）毛茛（3）

松塔（4,5）多肉（6,7,8,9）

详见 p.128、94、130、122、124、126

配色

落花顺序：

在蛋糕上打一个半圆形的桩，桩要有一定的高度，在
外围的边缘开始落第一朵花。然后内外依次落花，全
部落完以后再以叶子和花苞填补缝隙，并以小五瓣花
点缀即可。（图10~图13）

LOVE

爱恋

1

基础花型：
芍药（1）
详见 p.108

2

3

4

5

6

7

8

制作要点：
注意芍药的大小不能有
明显的差别。整体大小
要匀称。

配色

落花顺序：

1. 在蛋糕上打一个圆形的底桩。（图2）

2. 先在外围与桩呈 45°角斜着落花，花与花之间一
定要紧挨着（图3、图4），然后内外依次交替落
满为止（图5~图8）。全部落完后用满天星、叶
子等填补缝隙。

DREAM WEDDING

梦想的婚礼

基础花型:

芍药（1）

详见 p.108

1

2

落花顺序：

1. 根据蛋糕的大小将糖蕾丝剪裁后贴在蛋糕表面。（图2）

2. 在蛋糕体上打一个竖直的桩，然后在桩的两边斜着落花。（图3~图5）

3. 待全部落好以后，再用花苞、叶子等填补缝隙。（图6~图16）

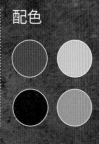

配色

制作要点：

花要大小错落，不要一般大小。糖蕾丝的装饰需要先期制作，晾干后方能使用。

BEAUTIFUL
MARK

美丽印记

基础花型：

大玫瑰（2,3）

郁金香（4）

详见 p.82、76

192

制作要点：

落花时注意高低错落，
避免呆板。

配色

落花顺序：

1. 在蛋糕体上打一个圆形的底桩。（图5）

2. 在桩的外围斜着落两朵紧挨着的花。（图6、图7）

3. 在内圈落花时可以用奶油霜垫高底部（图8），
在玫瑰边上落郁金香的时候先落外围一朵（图9），
再落里面的郁金香，最后落完外围的郁金香（图
10、图11）。

4. 用叶子等作装饰（图12~图17），填补缝隙。

5. 最后在上部放桃花点缀即可。（图18、图19）

SILENT
BLOSSOM

静静绽放

基础花型：

郁金香（1）

详见 p.76

落花顺序：

1. 在蛋糕上打一个圆形的底桩。（图2）

2. 在外圈开始斜落（图3、图4），然后依次落花（图5），当外圈还剩两朵花的空间时，开始落内圈（图6），落到还剩一朵时再补齐缺口（图7）。

3. 缝隙处用花苞、满天星等填满。（图8~图12）

制作要点：

注意颜色搭配的重要性和花的姿态。

配色

VAREKAI

梦幻人生

1

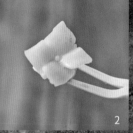

2

3

4

基础花型：

洋牡丹（1）

绣球（2）

迷你玫瑰（3）

小玫瑰（4）

详见 p.114、58、78、80

制作要点:

整个蛋糕的花环上落花要密集，不能松疏，否则后期较难填补。另外打桩时注意要有一定的厚度。落花顺序及位置应根据花的大小及颜色搭配来决定。

5

6

7

8

落花顺序:

1. 在蛋糕表面打一个圆形的底桩。（图5）

2. 先在外圈斜着落花（图6），然后内外交替斜着落花，根据花型排列顺序补放迷你玫瑰（图7、图8）。

3. 在迷你玫瑰周边落绣球花（图9）绣球落好再内外圈交替直到落满。（图10~图12）

4. 最后用叶子、满天星等填补空隙。（图13~图15）

9

10

11

12

13

配色

14

15

PURE GIRL

纯真少女

基础花型：
车轮玫瑰（1）
大玫瑰（2）
详见 p.84、82

3

落花顺序：

1. 在蛋糕上打一个圆形的底桩（图3），然后开始在外圈落花（图4、图5）。

2. 当外圈还剩一个缺口时，就开始落内圈（图6~图8）。

3. 内圈全部落完了，再把缺口补齐（图9）。

4. 最后用叶子、树莓等装饰填补缝隙。（图10~图12）

4

5

6

7

8

制作要点：

注重整体效果必须是中间高、外圈圆、整体呈弧度。

9

10

11

12

配色

○ ○ ●

FOREVER

相伴一生

基础花型：
无名花（1）
郁金香（2）

详见 p.76

配色

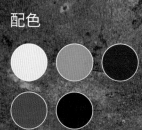

1

2

3

落花顺序：

1. 在蛋糕上打底桩。（图3）

2. 先在外圈落花，掌握外圈落两朵内圈落一朵的原则，落4朵无名花以后再落郁金香。（图4~图6）

3. 以外圈两朵内圈一朵的顺序落满为止。（图7~图12）

4. 最后用叶子、花苞及树莓等装饰填缝。（图13~图17）

制作要点：

整体造型的弧度要顺畅，中间的角要圆润。

PURPLE MOOD

紫色年华

基础花型：
无名花（1）
迷你玫瑰（2）
详见 p.78

1

2

3

制作要点：

落花时注意高低错落感，以表
达出整体的层次效果。

配色

落花顺序：

1. 在蛋糕表面先落一朵无名花（图3），注意要斜落，连续再落两朵大小近似
的无名花以后，在边上平落一朵迷你玫瑰（图4）。

2. 在蛋糕上单落一朵（图5），在适当距离处再陪衬3朵小花（图6）。

3. 最后用叶子、满天星等装饰。（图7~图10）

BLESSING

祝福

基础花型：

树莓（1）

毛茛（2）

大玫瑰（3）

迷你玫瑰（4）

详见 p.62、94、82、78

配色

制作要点：

落花区分在两个区域，要注意配色和结构的呼应。

落花顺序：

1. 在蛋糕的一侧平落三朵（图5、图6），使三朵花的边缘呈圆弧形。

2. 在蛋糕另一侧打一个圆弧形的桩，先平落一朵大花，然后在桩的两侧落花，呈A字形。（图7、图8）

3. 在两花的边上再落迷你玫瑰。（图9）

4. 在两朵迷你玫瑰的中间落放树莓（图10），最后用满天星、叶子等填满缝隙（图11）。

SWEET
WHISPER

甜蜜心语

219

基础花型：

芍药（1）

毛茛（2）

迷你玫瑰（3）

详见 p.108、94、78

落花顺序:

1. 在蛋糕上打一个圆形的底桩。（图4）

2. 沿着底桩边缘一朵挨一朵地落花（图5、图6），可以叠加地落迷你玫瑰，再接着落毛茛（图7）。

3. 中间落毛茛，再依次在边缘继续落，直到落完。（图8~图10）

4. 用叶子、满天星等装饰。（图11）

配色

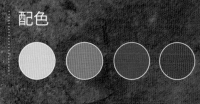

制作要点:

注意整体配色的清新格调，避免落满。

STARLIGHT WISH

星语心愿

1　2　3

基础花型：

树莓（1）

绣球（2）

大玫瑰（3）

详见 p.62、58、82

落花顺序：

1. 在蛋糕表面打一个半圆的底桩。（图4）

2. 在外圈落两朵，需要斜落（图5），再在对应位置的两朵之间落一朵，也是要斜落（图6），依次直至落完。

3. 用树叶等填补缝隙（图7~图10），再用树莓、绣球等装饰（图11~图14）。

制作要点：

月牙形的落花不能平面，
要注意角度和整体的搭配。

配色

MISS

思念

1

2

3

基础花型：

玫瑰（1,2,3）

详见 p.82

制作要点：

蓝色的配色注意以冷色调为基准。半环造型的两头收尾处一定要窄。

4

5

6

配色

7

8

9

10

11

12

落花顺序：

1. 在蛋糕上打一个半圆形的桩，先在外圈斜着落花，落花时注意选择花的大小。（图 4）

2. 外围落两朵后再在内圈斜落一朵，依照此顺序落（图 5~图 8），苹果花用来装饰顶侧（图 9、图 10）。

3. 最后用满天星、叶子等填补缝隙。（图 11~ 图 13）

13

HONEY

甜蜜

将蛋糕按等份切成数块，依次落花，落完后再以叶子点缀装饰即可。（图10~图21）

基础花型：

大丽花（1）、车轮玫瑰（2）、康乃馨（3）、毛茛（4）、

洋桔梗（5）、奥斯汀（6）、山茶（7）、银莲（8）、

迷你玫瑰（9）

详见 p.102、84、106、94、112、90、66、64、78

配色

MELODY

旋律

1

2

3

4

5

6

7

8

基础花型：

山茶（1）

小玫瑰（2）

大玫瑰（3）

详见 p.66、80、82

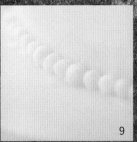

9

10

11

12

制作要点：

注意落花时的高低错落
感和多层蛋糕的抹面接
口处的装饰。

13

14

15

16

17

18

237

19

20

21

22

23

24

25

26

落花顺序：

1. 先在顶部打一个半圆的底桩（图4），在桩的两侧落花，在外圈斜落两朵，注意弧度，顶部的造型呈月牙形。然后在内圈斜落一朵（图5~图8），依此顺序落。

2. 在第二层的接口处用珍珠装饰（图9），后两边各斜落三朵花（图10、图11），最后再落底盘的花，落花过程中注意角度，颜色也要错开，不要有堆砌感（图12~图21）。

3. 最后以叶子等作为装饰。（图22~图26）

239

ATTACHMENT

依恋

基础花型：
桔梗（1）
毛茛（2,3,4）
详见 p.112、94

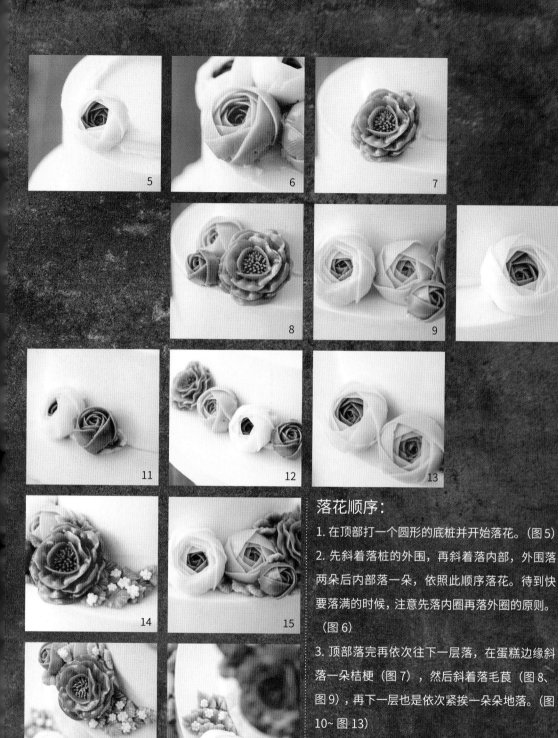

落花顺序：

1. 在顶部打一个圆形的底桩并开始落花。（图5）

2. 先斜着落桩的外围，再斜着落内部，外围落两朵后内部落一朵，依照此顺序落花。待到快要落满的时候，注意先落内圈再落外圈的原则。（图6）

3. 顶部落完再依次往下一层落，在蛋糕边缘斜落一朵桔梗（图7），然后斜着落毛茛（图8、图9），再下一层也是依次紧挨一朵朵地落。（图10~图13）

4. 全部落好以后用叶子和白色珍珠点缀（图14~图25）

244

配色

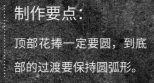

制作要点：

顶部花捧一定要圆，到底
部的过渡要保持圆弧形。

CHASING
DREAMS
追梦

基础花型：

大玫瑰（1,2,3）

绣球（4,5）

毛茛（6,7）

车轮玫瑰（8）

山茶（9）

详见 p.82、58、94、84、66

配色

落花顺序：

1. 在蛋糕顶部打一个心形的底桩。（图 10）

2. 先在心形一侧圆弧处内侧落车轮玫瑰花（图 11），再在外侧对应位置落毛茛花。

心形另一侧圆弧处落满绣球花（图 12、图 13），在绣球外围落玫瑰，内侧落小玫瑰（图 14），并用树莓点缀（图 15），最后落爱心的尖角（图 16），并用绣球填补缺口（图 17~图 19）。

3. 用叶子、红色珍珠等作装饰。（图 20~图 24）

制作要点：

心形的落花收尾的尖角
一定要明显。

后记

目前，裱花蛋糕的应用十分广泛，从家庭日常的庆生、纪念日，到婚礼甜品桌的点缀装饰，很多场合都出现了奶油霜裱花的身影。把艺术和美食很好地结合在了一起，让大家赏心悦目的同时，又可以大快朵颐。

近年来，从事烘焙类创业的人士也越来越多，她们当中很多人都是零基础的爱好者。在从兴趣到事业的转化过程中，学以致用、用以促学、学用相长，逐步掌握一门手艺的同时，更丰富了自己的人生。

谨以此书献给所有在烘焙道路上不断求索的朋友们，正因为有了你们的热爱和付出，我们的行业才变得更加丰富多彩。感恩在整个书籍编纂过程中给予我们指导和帮助的各位老师、朋友和同行。特别感谢我们教室的全体教学团队的辛勤努力付出。

图书在版编目（CIP）数据

超养眼蛋糕裱花 / 上海糖师师烘焙教室编著. —— 青岛：青岛出版社, 2017.5
ISBN 978-7-5552-5477-5

（玩美书系）

Ⅰ.①超… Ⅱ.①上… Ⅲ.①蛋糕 – 糕点加工 Ⅳ.①TS213.23

中国版本图书馆CIP数据核字(2017)第081428号

书　　名	超养眼蛋糕裱花
编　　著	上海糖师师烘焙教室
摄　　影	邱子峰
出版发行	青岛出版社
社　　址	青岛市海尔路182号（266061）
本社网址	http://www.qdpub.com
邮购电话	13335059110　0532-68068026
策划编辑	周鸿媛
责任编辑	徐　巍
设计制作	丁文娟
制　　版	青岛帝骄文化传播有限公司
印　　刷	青岛海蓝印刷有限责任公司
出版日期	2017年6月第1版　2017年6月第1次印刷
开　　本	16开（710mm×1010mm）
印　　张	16
字　　数	200千
图　　数	964幅
印　　数	1-6000
书　　号	ISBN 978-7-5552-5477-5
定　　价	88.00元

编校质量、盗版监督服务电话 4006532017 0532-68068638
建议陈列类别：生活类 美食类

展艺

烘焙模具
让家庭更温馨
让烘焙更有趣

烘焙工具
轻松自家烘焙
轻松自在生活

系列包装
分享舌尖美味
共享品质生活

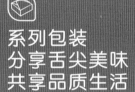

展艺，中国家用烘焙品牌，自2011年以来，展艺一直致力于将烘焙变成一种快乐的生活体验,同时也是"轻松自家制"健康烘焙理念的倡导者。展艺专注于家庭烘焙市场，产品线包括烘焙器具、模具、工具、原料及包装，能够一站式满足家庭客户的需求。

📞 021-37651331

🌐 https://maiding.1688.com

📍 上海市松江区茸悦路158弄富悦财富
广场A座27楼

烘焙原料
酿造甜蜜生活
传递幸福味道

展艺烘焙 大展厨艺 ZOE HOME BAKING

海氏·专注高端烘焙家电

让爱更简单

人生，最是伟大的航程 生活，才是最伟大的事业
无论多繁忙，都要忘回归本真
用一颗纯粹的心，做一份早点，一个蛋糕
向生活里那些陪伴我们的人表达爱
爱，其实很简单
海氏，让爱更简单

电子称

烘焙工具

多士炉

面包机

厨师机

打蛋器

烤箱

青岛汉尚电器有限公司
服务热线：400-800-0387

海氏微信公众号　海氏微商城